盖笑松 主编
丑兰英 李宝利 副主编

画说心谚

画说中国传统谚语中的心灵智慧

九州出版社
JIUZHOUPRESS

图书在版编目（CIP）数据

画说心谚：画说中国传统谚语中的心灵智慧 / 盖笑松主编；徐童，丑兰英，李宝利副主编 .-- 北京：九州出版社，2023.4

ISBN 978-7-5225-1736-0

Ⅰ.①画… Ⅱ.①盖…②徐…③丑…④李… Ⅲ.①心理学—通俗读物 Ⅳ.①B84-49

中国国家版本馆 CIP 数据核字（2023）第 057149 号

画说心谚：画说中国传统谚语中的心灵智慧

作　　者：盖笑松　主编　徐童　丑兰英　李宝利　副主编
责任编辑：高美平
出版发行：九州出版社
地　　址：北京市西城区阜外大街甲 35 号（100037）
发行电话：（010）68992190/3/5/6
网　　址：www.jiuzhoupress.com
印　　刷：唐山才智印刷有限公司
开　　本：880 毫米 ×1230 毫米　32 开
印　　张：9.125
字　　数：83 千字
版　　次：2023 年 6 月第 1 版
印　　次：2023 年 6 月第 1 次印刷
书　　号：ISBN 978-7-5225-1736-0
定　　价：89.00 元

画说心谚

画说中国传统谚语中的心灵智慧

序

当今社会对心理科普的需求愈发强烈。然而，专业化的表述形式可能会让人觉得晦涩难懂，高大上的格调定位也容易被指责为“站着说话不腰疼”。为了寻求心理科普的通俗载体，我努力思索。于是，中国传统谚语走进了我的视野。谚语是数千年的历史长河中民间生活智慧的沉淀，具有言简意赅、易于理解等特点，是任何文化阶层的民众都喜闻乐见的。例如，谚语“水大漫不过鸭子去”就非常生动地指出，人要让纷繁的欲念、想法、情绪都如水流过，人要做水面上自在的鸭子，不要做那被淹没的、随波逐流的水草。这种“一语中的”的“治疗效果”是其他科普素材难以具备的。

本书旨在创造一种全新的心理科普形式——趣味漫画 + 传统谚语 + 现代心理科学解析，并实现三合一。

具体来说，本书特点有三：

第一，用与心理学主题相关的中华传统谚语牵线。作者利用寒暑假时间穷尽性地研读了《中国谚语大辞典》和《新华谚语词典》中15000条以上的传统谚语，凭借着对心理学意蕴的敏感，从中筛选出体现心灵智慧的谚语124条。它们是本书的主线。这些谚语被分为13章，分别为健康篇、烦恼篇、修养篇、智慧篇、人际篇、人生篇、正念篇、欲望篇、自我篇、计划篇、自主篇、管理篇和育儿篇，所涉内容能覆盖心理科普的大部分方面。

第二，配以生动简练的心理学解析文字。作者多年来从事心理学教学和研究工作，掌握心理科学背景知识。在此基础上，作者对每条谚语的心理学内涵给予简短的解析。解析文字力求达到两个目标：一是精准，既要符合谚语原意，又要反映当代心理科学原理；二是意趣，让读者在阅读时感觉被命中、被怼到，引起读者情感上的共鸣。

第三，配以漫画增加意趣。大连市的画师徐童为每条谚语配了一幅时尚、简朴且传神的漫画，增加了谚语的趣味性和形象性。书中的漫画非常生动，读者在生活中遇到烦恼事时，脑海里甚至能回忆起这些漫画及其含义，由此在日常生活中实现有效的自我心理调节。

我们的创作团队非常欣赏自己的这个作品，也希望读者朋友们能和我们一样喜欢它。我们希望您在读到动心之处时露出会意的一笑，您那一刻的笑容就是对我们辛劳工作的最好报偿。

我们把此书首先敬献给那些饱经沧桑、阅遍世事的老人，他们更能懂得那一句句简短谚语背后的世间万象；我们也把此书送给那些终将老去的年轻人，希望他们借助千百年来沉淀的中华传统智慧，把握好自己心灵航船的未来方向。

盖笑松

画说心谚

画说中国传统谚语中的心灵智慧

目录

智慧篇

人际篇

人生篇

正念篇

目录

欲望篇

自尊篇

目录

计划篇

自主篇

管理篇

育儿篇

画说心谚

画说中国传统谚语中的心灵智慧

健康篇

安心号

安定病人心，疾病去七分。

有的人不是病死的，而是被病吓死的。因为，糟糕的心情，会引起心脏和呼吸系统的紊乱、免疫系统的过度疲劳以及各种炎症的发作。

安心的病人，只在治病的时候想着病，其他时间里忘了病。

一乐百病消。

愉快的情绪里，血管舒张，呼吸平稳，免疫系统会得到休养。所以，快乐是最廉价的，却也是最难得的保健品。此外，愉快心情中我们更容易高效思维、智慧决策、主动沟通、建立关系。所以，愉快心情会帮助我们建设起健康资本、智力资本、关系资本。

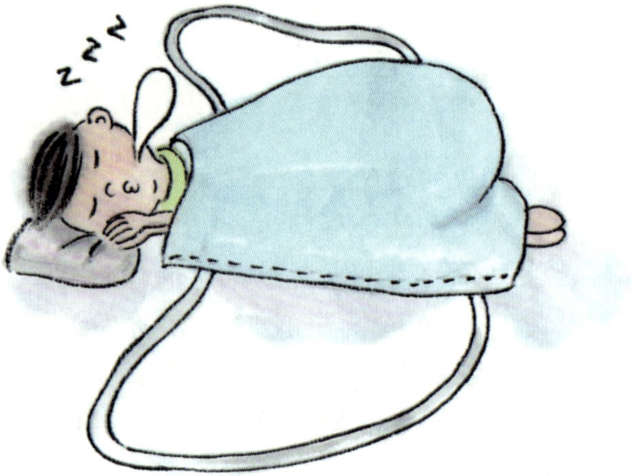
Z Z Z

不觅仙方觅睡方。

人在睡眠的时候基础代谢率是最低的，耗能很少但合成能量效率反而更高，有助于能量的贮存。睡眠时大脑内代谢产物的排出效率也更高，有利于恢复脑的活力。

睡方的关键在于，要在别人难以入睡的各种环境里锻炼自己的入睡本领。这种本领胜过秦始皇的长寿仙方。越是抱怨噪音，寻求宁静，入睡本领就越退化。只有接纳干扰，刻意练习，入睡本领才能增强。

画说心谚

画说中国传统谚语中的心灵智慧

烦恼篇

人生识字忧患始。

狗被踹一脚，只疼痛一小会儿；你被骂一句，却要难受很久。这是因为人类善于借助文化（尤其是其中的语言），去自编无限虚幻的烦恼。诗人海子提醒大家："从明天起，做一个幸福的人，关心粮食和蔬菜，给每座山每条河起一个温暖的名字……"这是提醒人们摆脱头脑里那些自动化想法的缠绕，从自造的想法世界回归到真实的自然世界。

世上本无事，
庸人自扰之。

人间烦恼，很少是由地震、海啸等自然灾害引起，大多是人心自造。无论你此刻多么烦恼，别忘了夕阳依然绚丽，晨露依旧晶莹，鸟儿还在鸣唱，心外的世界依然美好。扰乱你的，不是这个世界，而是你内心关于世界的各种消极想法。要跳出头脑里想法的缠绕，回归到明媚的人间。

没心没肺，长命百岁。

无论是上午刚和人吵过架，还是下午将要上手术台，午饭的时候都要专心品尝米粒和菜根的滋味，撂下饭碗以后再去想如何接着吵架或者手术准备。过日子，要能把每篇日历翻过去，只活在眼前的这一页里。不忧过往，不惧将来，沉浸当下，朝向目标。

是非终日有，
不听自然无。

如果别人捅你一刀，你不会事后再捅自己无数刀。可是别人说你坏话只一句，你自己却复习回想了一万遍。人在江湖走，难免足音惊飞鸟。你我人间过，任人评论随风飘。

说者无心，听者有意。

不要只想着自己的本意是什么，要考虑自己的话进入不同人的头脑里，会生成什么不同的感受。就像橘生淮南为橘，生于淮北则为枳，同样的种子入了不同的土壤，自然结出不同的果实。话语出口前，可以先在肚子里盘旋三秒钟，也许就觉得很多话没必要出口了。

问题1
问题2
问题3
问题2
问题3
问题2
问题4

天要下雨，娘要嫁人。

解决不了的问题，当然不是问题。好农夫不企图改造要下暴雨的天，只考虑怎么利用倒伏的庄稼。好孩子不企图改变要改嫁的娘，只考虑怎么谋划自己未来的生活。

山贼易破，心贼难防。

山贼抢人财物，心贼偷人意志。山贼堵人道路，心贼诱人歧途。山贼有形，心贼无影。你没法去掐灭无形无影的心贼，但可以在它每次出场的时候说：“哈哈，我看见你啦，我不跟你走。”

浑水洗净衣。

一个人若是为自己设定了方向，然后专心应对每日迎面而来的纷纭世事，不执不驻不沾不染，确是可以让混浊的生活经验之河涤荡心灵。“过日子”是个好词，提醒人把一天天翻过去。烦恼在于“不会过”，“不会过”的主要表现是“过不去”。日子流动起来，才有流畅过瘾体验。滞住了，当然堵得慌！

画说心谚

画说中国传统谚语中的心灵智慧

修养篇

刀钝石上磨，
人钝世上磨。

没有人愿意主动修理自己，都是要等着被世间人和世间事修理打磨成灵活和适当的样子。家长要让孩子用更多时间去同龄人堆里摸爬滚打，被修理打磨，而不要在大人身边过舒服得劲的日子。如果在未成型的年龄没能打磨出灵活性和适应力，在成年以后的打磨会痛苦万倍。

儿女手里磨性子。

那些既令你躲不开，又让你受不了的人，才真正是你情感修养和智慧提升的教练员。做父母的，不妨把儿女看作是上天派来提升自己精神修养的人。

压大的力，吓大的胆。

没人愿意主动选择那条走向坚韧的路。但既然遭遇了打击，就该让自己原来的行为模式和思考习惯瓦解后重组为更好的样子。就像竹子被风摇动，短纤维一根根被拉断，长纤维一根根在生成，所以竹子具备了更好的韧性。

成人不自在，自在不成人。

人生在世，有两种任务。一是改造外部世界，令其符合自己需要；二是改变自身做法，使其适应环境要求。成熟之路要包含两个方向的努力，缺一不可。不善于自我改变的人到老也不能被视为成年人。所以别再标榜“这就是我”，而要主动改变“今天之我”，走向更适应复杂外部环境的“明日之我”。

不善操舟而恶河之曲。

游泳成绩不好，却总是换游泳池，这样的泳者是难以进步的。永远别去抱怨身边的人们如何如何，只需去考虑自己该怎样适应形形色色的“怪人”。到了“见怪不怪”的境界，你就长大了。以后少说“他不该”，改说“我可以”。

没有规矩，不成方圆。

修理人的，不是规则本身，而是违规的后果。所以，交通规则里不写“禁止违章”，而是采用“如果……那么……”的表达方式，例如“如果你在此处违章行驶，那么要罚200元扣2分”。家长为孩子立规矩，或者老师为学生立规矩，也不宜表达成“禁止如何如何”。要学学交规里面的后果式语法，例如：“如果到午饭时间不来上桌吃饭，那么没人会在下午专门为你准备吃的”，或者“如果今天打游戏超时，那么取消周末的娱乐活动安排”。

大道以多歧亡羊。

选择，是很消耗精神能量的一种心理活动过程。所以你只有不在乎很多事，才能有精力去追寻你真正在乎的东西。想要远行的人，得有很多不在乎、不肯去花费心思的事。

少年若天成，习惯成自然。

每天刷牙三分钟，不觉得费事，因为它成了习惯。成功的人生里，需要具备很多种日积月累的、有益成长的微小习惯。趁着年轻时，可以每段时间建设自己的一种新习惯。

画说心谚

画说中国传统谚语中的心灵智慧

智慧篇

涨钓河口，落钓深潭。

别总是四脚落地了才敢行动，要逐渐习惯去面对不确定性，见招拆招，灵活应对。缺乏自信的人，总抱怨环境的变化莫测。智慧灵活的人，习惯在充满不确定性的命运里观察判断。

聪者听于无声，
明者见于未形。

等大家都看得出来的时候，就没你的份了。投资买房选股，或者选配偶，都要能看出事物萌芽阶段的走向趋势。

WC

愚人暗于成事，智者见于未萌。

小娃娃湿了裤子，可能都不知道自己尿了，而智慧的老奶奶猜得出孩子一会儿要撒尿。智者看得出事情的苗头并提前布局，而不是事到临头手忙脚乱。

不会做饭的看锅，会做饭的看火。

厨子的配料容易偷学，火候却不易掌握；教条的箴言容易记住，时机和程度却不好把握。

过后方知前事错，老来方觉少时非。

别老是固执地以为自己现在的想法是对的。你不信？那就等明天在更成熟的年龄回头再看，如果明天你真长大了一点点的话。遭遇难以决策的大事时，可以试着假想自己在满脸皱纹的年龄是以何语气在评述今天的纠结。

美发
××剧本杀
××美容院

不经一事，不长一智。

智慧源自于丰富的阅历。所以别整天就忙着自己专业或岗位上那点事，要舍得花时间三百六十行都去看看，天南地北多去瞅瞅，左邻右舍的八卦也要听听，不同文化人群的生活方式也得见见。尤其是身边人们各种矛盾从产生到激化再到解决的过程，都是难得的智慧教材。生活智慧随着丰富经历生长，不能只靠书斋里的抽象阅读和冥思苦想，要去市井生活中观察人间百态。

流言止于智者。

听到时，思量它有几分可信；张口前，犹豫有无必要说与旁人。传播谣言，也许并不会造成很大危害，但会让朋友们更确信你的愚昧。

知命君子不怨天。

接纳，既不是赞成，也不是屈从，而是实事求是地有效应对。只有不想肩负自己命运之责的人，才整天抱怨上天或别人。

矮人饶舌，破车饶楔。

人话多，很少是因为真笨，经常是因为卑劣的动机需要经过层层的包装掩饰。

大直若诎，道固委蛇。

披上一件低调而随和的斗篷，遮盖住心里坚定的目标，在弯弯曲曲、回旋反复的道路上从容前行。

画说心谚

画说中国传统谚语中的心灵智慧

人际篇

宁跟明白人吵架，不跟糊涂人过话。

对那些愚昧的、自私的、坏脾气的家伙，咱能躲多远躲多远。他们善于在每一场遇见里播种下令人难以预料的麻烦。

不做中人不做保，一世没烦恼。

既然两头都搞不掂，何必去趟那浑水？不如大大方方地承认说，咱没那面子和本事。

相亲角

代人办事，最难讨好。

妈别为姑娘选女婿，爹别为儿子选行当。咱可以帮朋友修车，但不能去替朋友谈赔偿。

识性者，可与同居。

知道老爷车哪儿破，才可以驾驶它；知道别人秉性如何，才能够更好地与之相处。

实话好说，谎话难编。

多接近那些令人身心放松的人，远离那些令你焦虑紧张的人。松弛和紧张都是可以传染的。真诚朴实的人目光淡然，肌肉松弛；自我掩饰的人总在小心观察，浑身紧张。

愚人也愿别人智，恶人也盼旁人善。

旁人不是我们的竞争对手，而是我们的生存环境。他们变得更好，我们的世界才更美好。如果我们同事中的愚人能变得智慧一点点，恶人能变得善良一点点，我们的生存环境也会有所改善。所以，即使对我们不喜欢的那些人，也该多些祝福和帮助，少些拆台和嫉妒。

交浅不言深。

密友可以诉说烦恼，生人最好多谈天气。跟泛泛之交谈论了圈子秘闻，会令人对你生出疑心。

君子绝交，不出恶言。

如果一个家伙跟人分手后满嘴咒骂，那你也趁早离他远点。跟人发生矛盾后，学着低调地结束，试着平静地离开。分手时的表现，是一个人修养的外露。

好客不如无，客走主安宁。

去哪儿做客，能短就别长，给主人多留点轻松自在的时光。

一争两丑，一让两有。

无论多好看的人，生气时的表情总是不够漂亮；争论的过程，往往容易泄露心灵的弱点；事情的走向，不是依靠争论实现的。所以，争论不必以对方的屈服为目标，只要表达出自己的论点和论据就可以停止了；在争论现场的谦让礼貌表现，只会让大家增加对你的尊重和信任。

有老王，恨老王；没老王，想老王。

安全型依恋关系中长大的人，与人相处时和谐愉快，与人分离后也圆满自足；不安全型依恋关系中长大的人，与人相处时抱怨闹人，与人分离后则难以自洽。

怨亲不怨疏。

我们不会花钱去买陌生人的一句骂，却经常会花很多时间资本去换来亲近人的一个怨。人生若只如初见，彼此微笑路过该有多好。跟多数朋友，要保持适当的心灵距离感，不要过度亲近。

埋怨当不了钱使。

野狗偷吃了村里的鸡，明智的老太太不会去村口埋怨野狗，只是回去关好自家鸡棚的栅栏。

有钱难买背后好。

背后的夸奖，让人心生更多喜悦和感激；所以别吝啬，经常在背后夸夸人，没准哪句就被传到当事人耳朵里了。

画说心谚

画说中国传统谚语中的心灵智慧

人生篇

彩云易散琉璃脆。

今日的富足安康、宁静喜悦、亲友聚合当然好，可是如果指望它们永恒，就难免陷入“损失恐惧”之焦虑。

没有不散的宴，
没有不塌的屋。

怀离别之心相处，少一句埋怨，多一点关爱；抱赴死之心生活，珍惜当下，沉浸于有意义的瞬间。

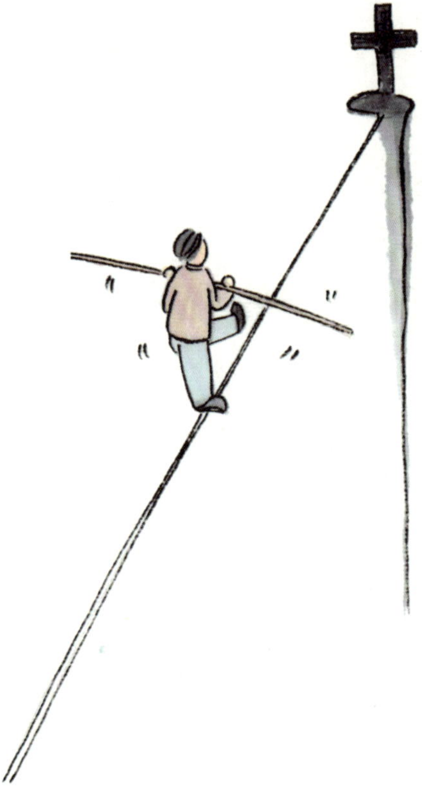

存心时时可死，行事处处求生。

好好活过一分钟的人，纵死也能含笑。提心吊胆地活着，活得越久越遭罪。不如抱必死之心，行求生之事。怕死，多半是因为不曾充实活过。充实的人，往往并不在意必死宿命。

今夜脱下鞋和袜，不知明早穿不穿。

重要的愿望，马上就启动它；感恩的话语，今天就说出来。今夜的安睡，松弛地享受它。眼前的米粒，专心地品尝它。

添一物，添一累。

东西要为人服务，不能反让人为东西服务。该送出的送出，该扔掉的扔掉。房子那么贵，别让没用的家什多占你一平米昂贵的面积。人生那么短，别让物件的维护占据你太多宝贵的时光。

种田在人，长苗在地，收成在天。

人生路线的三个推手是：先天的遗传，外在的环境，内在的努力。

岂能尽如人意，
但求无愧我心。

人人都是责任有限公司，大夫包治不必包好，老师包教不必包会。

老天爷饿不死瞎家雀儿。

笨人有笨人的生路，慢人有慢人的活法。可以去人家的路上帮人家，别逼着人家走你规划出的路。

吃烧饼还要赔吐沫。

生活中的乐趣是收益，烦恼是成本；工作中的成就是收益，麻烦是成本。天下没有无本的买卖。

画说心谚

画说中国传统谚语中的心灵智慧

正念篇

口开神气散，
舌动是非生。

有重要话语将说的人，常常紧闭着双唇。躁动多语的人往往是用喉咙思维，而不是在用大脑皮层思考。说者虽无意，听者常误解，所以不要抱怨别人误解了自己，而要提醒自己下次多闭会儿嘴。

× × 家电修理
处理

爱叫的麻雀不长肉。

连冰箱的开关门次数都是有设计寿命的，常开闭就容易损坏。同理，说话累心，人开闭嘴次数多了，心脏功能也难以负担。人遇事自然地联想，形成态度，然后就觉得有话想说。这时不妨让那未出口的话语在头脑中升腾后飘荡一阵子，不急着说出去，也许一会儿它就自然沉降，不觉得有出口的必要了。

心静自然凉。

擂台上的拳手，虽然大汗淋漓，却把全部注意力都用于观察对手的步伐，思量对手的意图，无暇去觉察自己身上的热和痛。炎热难耐的时候，没空调的话，就去调整自己的清凉心；传言四起的时候，没法澄清的情况下，就去安享自己的清凉心。

养身在动，养心在静。

在宁静的环境里心静，不算本事；在繁乱的事务中心静，才是修养。去熙熙攘攘之处静坐，在旅途辗转之时读书，在矛盾争吵之中微笑，才能修炼出一颗善于入静的心。

不出声的狗才咬人。

狙击手射击之前都是均匀缓慢深呼吸，街头混混打架时才会气急败坏。所以，在会议争论或人际纷争之中，得时时反观自己身体的筋骨、血管、肌肉是否足够松静自然，在几句想出口的话之间反复掂量哪句更有利于最终目标。

人平不语，水平不流。

鸭叫唤，多是因为饥肠辘辘；人话痨，常常源于欲念纷纭。小溪才哗啦啦作响，大河总是静水深流。有使命感而且已经上路的人，不屑于为琐碎表面之事浪费心力。

深水不响，响水不深。

忙着说话的人，后一句话是前一句话激发出的自动联想，一句句就像虫子身上各环节的自发传动。而有意义的言语，只能是反复沉淀和反思修剪的产物。所以话痨者往往没一句有用，寡语者往往能一语中的。

骤雨不终日，飘风不终朝。

别人兴奋的热情，不值得我们欣慰，因为它很少能长久；别人愤怒的爆发，不值得我们恐慌，因为它迟早得消停。我们自己心中的憧憬，也不必在喧嚣炒作中出发，常需宁静才能致远。

高老庄

人无远虑，必有近忧。

唐僧总想着取经大业，八戒只想着床铺咯人。经常为眼前小事烦恼，是因为缺少长远而重要的目标。间谍往往不在意其潜伏环境里的同事们对他尊重与否，也是因为这些鸡毛蒜皮之事不影响他的使命实现。

快趴下!
你抑郁吗?

安劳苦易，安闲散难。

战场上忙着躲避炮弹的战士没空得心理疾病，太平了回家休养时才容易心病丛生。所以不要企图追求闲散无忧的生活，即使恰巧生活在那样的处境里，也要善于为自己设立种种新挑战。

借条××
200元

人闲思旧怨。

人本能性地存在负面偏向，闲心偏好回忆坏事，既不容易记起曾经的快乐，也不容易想起别人的好。所以人需要刻意锻炼出回忆有趣之事和感恩之事的习惯，不妨在每天晚上上床后回想一下今天的三件好事和需要感恩之人。

人闲生病，石闲生苔。

闲有闲的学问：走路时专心在行走，品茶时专心在滋味，呼吸时专心在气流，静思时锁定主题不漂移，会谈时专心在对方的体会，休息时专心在肌肉的松弛，浇花时专心在水流的倾注。

中了！中了！

喜时之言多失信，
怒时之言多失体。

中奖当天别乱承诺，过后咋分配慢慢思量；生气当时少说恶语，事后咋收场留有余地。所有重要的决策和宣言，留待心平气和之时再发出也不迟。情绪起伏时，人看到的选项更少。宁静平和时，人眼中的可能方案更多。

×××跆拳道邀请赛

话到舌尖留半句，事到礼上让三分。

一个人在与人发生矛盾时的表现最能体现他的素质，所以要争取成为一个高素质的对手；一个人分手时的语言最能体现他的修养，所以要多观察人们绝交后的言辞。

成事不说，既往不咎。

棋牌桌上，有的人总是在唠叨牌友的上一圈牌不该那么出，而有的人却在专心思虑下一张牌应该怎么打。有的人常被缠绕在过往里，而有的人总在筹划着未来。您是哪一种？

大丈夫赌志不赌气。

小贩即使赌气吵架，也不忘赚钱才是出门摆摊的目标。老太太就算生气骂鸡，也知道下蛋才是养鸡人想要的结果。聪明人把脾气当手段，糊涂人被脾气绑架以致损害了目标。

不怕念起，只怕觉迟。

心头万念任它起，内观不动奈我何？缺乏内观习惯的人容易被生起的念头所绑架，这是庸人自扰的境地；而善觉者只是看着念头纷纷飞扬如尘埃起落，但却不被自动化地驱动，这是世间无事的境界。下次有念头生起时，不必急着立刻执行它。任它纷飞和沉淀一阵儿，再评估它是否是最好选项。

当事者迷，旁观者清。

专业舞者，一个“我”在跳舞，另一个“我”在自我观察和不断调整；舞台新手，只有当事之“我”，没有旁观之“我”，尽管姿势动作几乎正确，但神情韵味却总显不足。

未来休错过，已去莫流连。

用注意力的聚光灯照射过往痛苦的回忆，不如照射朝向未来目标的当下步骤。立正，稍息，向前——看！

水大漫不过鸭子去。

要让纷繁的欲念、想法、情绪都如水流过。人要做水面上自在的鸭子，不要做那被淹没的、随波逐流的水草。

爱而知其恶，憎而知其善。

实事求是地看待人们的此时此行，不要让过去的刻板印象绑架了自己对人行动意图和后果的观察判断。

若无闲事挂心头，
便是人间好时节。

头脑里无尽的回忆和忧虑，既造就了人类的进化，也造就了人类的烦恼。放下胡思乱想，立地成仙。

画说心谚

画说中国传统谚语中的心灵智慧

欲望篇

新月有圆夜，人心无满时。

一次欲望的满足，只能带给人短暂的快乐，以及更多的欲望和焦虑。懂阴晴圆缺、学知足常乐的人生态度是不是很可爱？

鱼见饵不见钩，人见利不见害。

人们上当受骗后经常感叹说自己太善良太轻信别人了。仔细想想，大多是因为贪婪和愚昧吧。

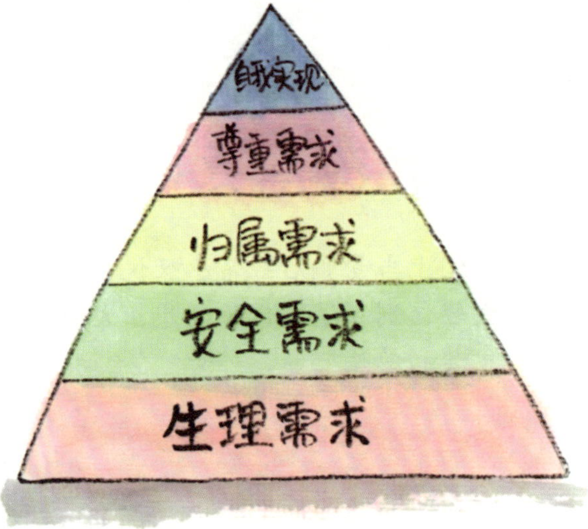
自我实现
尊重需求
归属需求
安全需求
生理需求

广厦万间，夜眠七尺；良田万亩，日食一升。

把物质欲望节制在生存所需的最基本程度，才可能分出时间精力用于更高级的追求。

“我干得不行——
就让我们笑吧！
就让我们干得越来越糟，
干得更糟，
笑得更厉害。”
尼采诗选

要人说句好，一世苦到老。

如果我们做得有点糟糕，或者令别人不太满意，那就把它当成好笑的回忆吧。毕竟人生除了证明题还有思考题，心情除了忧伤还可以选择喜悦。

乘人车者载人之患，
衣人衣者怀人之忧，
食人食者死人之事。

就算自家地里草盛豆苗稀，也总是吃自己种的豆子才心里安稳。独立自主，自力更生，是中华民族的传统美德。别看了，干就完了。

笼鸟有食汤锅近，野雀无粮天地宽。

无依无靠，虽然会令人焦虑，但它也会让人自强、自立、自我担当，走向自由；有依有靠，虽然能给人安全感，但它容易让人陷入意志受阻、情感绑架、工作倦怠，难得自由。

烧烤
雪糕 冷饮

相逢尽道休官好，林下何曾见一人。

职业倦怠的人们，往往是上班又不情愿，辞职又活不起。而摆摊卖菜的小贩和埋头种地的农夫却很少抱怨自己的工作。

画说心谚

画说中国传统谚语中的心灵智慧

自尊篇

XXXX
XXXX

人比人得死，货比货得扔。

跟学霸比，是自找苦吃；跟学渣比，是自甘堕落；如果非要比的话，就只跟那些你努力后赶得上的榜样去比比行动策略和努力程度。

不要与人争，只去与命争。

奥运会百米冠军在奔跑的时候从不想着别人在哪儿，只想着自己的节奏、步伐、呼吸是否遵循了训练时的最佳方案。

要和人家比种田，
莫和人家赛过年。

自怨自艾的人，只和人家比人生结果，却不肯与人家比比行动策略和努力投入。

欲除烦恼须无我，
各有因缘莫羡人。

把自我融入家庭中，就不会因家人的成功而嫉妒；把自我融入工作组织中，就不会因同事的成就而嫉妒；如果把自我融入人类或大自然中，就是圣人或智者。

画说心谚

画说中国传统谚语中的心灵智慧

计划篇

走一步看一步，哪里黑了哪里住。

自信的人，敢于面对充满不确定性的问题。用宽广的觉知来感受和接纳当下，然后再利用现有条件善待自己，是不是很帅气？

心里没谱，打不好锣鼓。

话在肚里摆完“第一”“第二”，然后再说出；事在心里斟酌过“如果……那么……”，然后再行动。

不施万丈深渊计，怎得强龙项下珠。

围绕中长期最重要的人生目标，早日制订全面而又详细的行动计划。

吃不穷，穿不穷，打算不到就受穷。

致富之路的关键在于规划，而不是幻想。幻想是对美妙成果和一路顺风的憧憬。而规划是设想预期的目标，对比现实的条件，寻找可行的路径，设定行动的措施，预想困难阻碍的应对办法。

棋不看三步不捏子儿。

买房前就该筹划装修的预算，投资前就该想想破产的预案，恋爱前就该想想闹矛盾的预案，合作前就该想想冲突的预案。要把未来可能发生之事尽量纳入应对预案之中。

Help!

前悔容易后悔难。

到嘴边的决定，咽下去隔了夜再吐出来，也不会过保质期。

早知三日事，
富贵一千年。

要想更准确地知道自己未来人生路上的任务、挑战和所需的谋划，就得多跟过来人学；年轻人向老年人打探其过往经历，有助于自己的未雨绸缪；成年人多向年轻人询问其未来打算，有助于年轻人未来思维的成熟。

豆腐
快速发家致富!!
富豪排行

夜里千条路，早起卖豆腐。

总吵吵说要有梦想，可你得先能睡得着啊。

未来事，黑如漆

虽然高等哺乳动物开始进化出了一点点“设想未来”的能力，但是对这刚刚进化萌芽出的技能不可高估和过分依赖。

欲知山上路，需问往来人。要知河深浅，需问老艄公。

多接触比你年长的人，这些过来人的经验，最有利于你用来补强自己薄弱的“设想未来”的能力。

人穷志不短。

同样是赚了一天的薪酬到手，有些人的思维策略是买瓶烧酒喝下去抚慰一天的疲惫，而有些人的思维策略是省下一半去投资未来。穷不是最可怕的，比贫穷更可怕的是不习惯把时间、精力、财力、人脉等各种有限资源用于谋划和铺垫遥远的未来。

画说心谚

画说中国传统谚语中的心灵智慧

自主篇

欢迎新同学
社团招募
话剧社
电影社

征兵满万，
不如招募数千。

派活给人或者求人做事，不如发个海报招募一批志同道合者。

牛不喝水难按角。

妈妈喊娃起床吃饭，经常吵得气急败坏；宾馆服务员从不为早饭的事和住店客人吵架，他们只是告诉客人几点开餐，几点撤掉，最多再问一句要不要叫醒服务。

强扭的瓜不甜。

在诸多价值项之中，自由是其他价值的基础。生命宝贵，但若被剥夺自由，则人们宁愿以死相抗；爱情珍贵，但若是被人胁迫，则索然无味；分数可贵，但若不是自主学习，则后患无穷。

有钱难买我愿意。

如果受人逼迫，打电子游戏也是苦差事；如果自己乐意，半夜读书也能其乐无穷。亲子之间，师生之间，夫妻之间，朋友之间，如果能少一点控制强迫，多一点自主支持，人间关系就会多些融洽和美妙。

捆绑不成夫妻。

两厢情愿的亲事，即使贫穷普通，仍可其乐融融；勉强促成的婚姻，就算富足显贵，也会烦恼无限。在乎、责任、了解和尊重，爱的四个元素，您做到了几个？

君子成人之美，不成人之恶。

少去控制和指挥人，多去支持和成全人。当然，只去支持别人良好的意愿，而不能去支持糟糕的打算。

覆盆不照太阳辉。

智者只在别人想听的时候才建议；愚人却在人家不听的时候还唠叨。

上等人，自成人；下等人，管成人。

心理学中有两种类型的管理理论：一种是人本主义理论，它假定每个人都希望自己变得更好，管理者要信任管理对象，管理的重点是要给予足够的自由度和支持帮助。另一种是行为主义理论，它假定人与动物一样遵循强化原则，所以要用奖惩后果去塑造管理对象。

你是前者还是后者？

有个唐僧要取经，就有个白马来驮他。

只要你真的有执着而重要的梦想，自然会有人出乎意料地来伸出援手。

画说心谚

画说中国传统谚语中的心灵智慧

管理篇

吃了吗?

本钱易寻，伙计难讨。

格局小的负责人善于找到团队成员的缺点和短处；格局大的领头人善于利用和发现团队里的每个人的优点和特长。

大匠无弃材。

世界上没有废品，只有装错了地方的零件。

碎麻拧成绳，能提千斤顶。

领袖的作用是，把平凡的人们聚集在一起，通过极具远见的谋划和智慧的分工安排，成就不平凡的事业。

不患寡而患不均。

无端给个别员工升职加薪，或是提供福利资助，可能引起其他员工的不满。所以管理上要多靠制度去设定清晰的条件，少依赖领导的个人决策。

慈不掌兵，义不主财。

善良，虽然已难能可贵，但仍然需要服从理性的指引；义气，虽然是朋友们欣赏的品质，但仍然需要受到原则的节制。管理者不能感情用事，因为心慈面软而违反理性和原则。

当家三年狗也嫌。

王熙凤想做管家，就不能怕讨人嫌。

唐

大臣太重者国危，
左右太亲者身危。

没有帮也没有派，没人亲也没人害。人生难得之处在于智慧而有勇气地做自己。

要叫马儿跑，得叫马儿吃得饱。

企业对员工的要求如果超出了企业为员工提供的支持（例如可利用的资源条件，以及专业发展培训等），那么员工就容易进入耗竭状态，走向职业倦怠阶段。所以，管理者要给那些肯奔跑的人提供更多的资源支持。

一人摊重，十人摊轻。

不能总把任务压给最好说话的人。有活儿大家摊，谁躲了这一轮，下回专门找他干。

画说心谚

画说中国传统谚语中的心灵智慧

育儿篇

七岁八岁讨狗嫌。

如果家长只重视孩子的聪明和快乐，却忽视了培养同情心与同理心，那么将遗患无穷。自由与规则，两手都要抓，两手都要硬。

老要癫狂少要稳。

谨慎，是少年难得的品质；活泼，是老人宝贵的品格。老年人需要刻意活泼一点，让自己多些新目标、新打算、新联络、新事情、新活动，让老年生活丰富多彩而不孤僻自闭；少年人则相反，每个念头生起时，要多想一秒可能的消极后果，有一点少年老成。

到此一游

不听老人言，吃亏在眼前。

少年时代多叛逆，常会觉得“如果我爹有我一半智慧，也不会混得这么差吧”；中年以后渐理性，才会发觉“如果我有老头子的一半智慧，也不至于遭这么多罪”。所以，在成长路上，要多去结识一些比你年长的朋友，看着他们的今天，才好去规划我们自己的明天。

不玩不笑，误了青春年少。

小时候不玩，什么时候玩？儿童的世界范围上至宇宙之大，下至苍蝇之微，他们需要在山花海树、城市乡野中游戏着长大。

X家祠堂
家谱
家祠

老人不讲古，后生会失谱。

唠叨点谚语，回忆些家史，都是上一辈应尽的文化传承之责。

在家千般易，出门万事难。

父母眼前的孩子，习惯了享受关爱；被推进伙伴堆里，才能被修理着长大。

忧患生孝子，安乐出逆儿。

老贵族故意陪娃过穷日子，暴发户整天跟娃说不差钱。

由俭入奢易，
由奢入俭难。

家有幼子，不妨多过穷日子；长大成人，再说家里有矿也不算晚。

母亲，我们又要搬去哪
我们搬去学宫旁边。
杀猪

欲知子弟成何器，但看何人共往来。

少年阶段伙伴的熏陶胜过家长，所以少年的家长要重视为孩子创造积极的交往，而不是把孩子圈进书房里。

二人转演出

说书唱戏，劝善的方。

一代代传承下来的评书、故事、戏曲和谚语里，蕴含了无穷无尽的传统美德教育资源。